作業者のための安全衛生ガイド

プレス作業

　本書はプレス作業に従事する方々が、日々安全な作業ができるように作成されたものです。

　プレス作業に必要な資格や職務、動力プレスの安全装置・安全囲い、金型の取付けやプレス機械作業を安全に行うための留意点を、労働安全衛生法令に即して、ポイントを絞り、図を多く取り入れ、コンパクトにまとめています。

　作業に関するチェックリスト(例)も添付しましたので、現場でご活用ください。

中央労働災害防止協会

目次

CONTENTS

守ろう、プレス安全作業五訓

① 作業開始は点検から
② 安全囲い・安全装置は確実に
③ 型の取付け、調整は資格者が
④ 給油、掃除は機械を止めて
⑤ 特定自主検査は確実に

1 災害はこうして起きる！

プレス作業で多い災害

①金型の間にはさまれる

②破損した金型や加工物
　が飛来する

など

- ●はさまれ・巻き込まれ....88%
- ●飛来・落下 8%
- ●激突.....................................1%
- ●転倒.....................................1%
- ○激突され 1%
- ○切れ・こすれ 1%

飛来・落下

はさまれ・
巻き込まれ

平成19年 動力プレス機械による災害（事故の型別）

出典：労働災害原因要素の分析（厚生労働省）

　プレス作業ではどのような原因でどんな災害が起きているのか、災害事例を見ながら確認してみましょう。

事例1

　プレス機械（450kN）にて金属部品の加工をするため、作業前にプレス機械の金型を調整していた際、不用意にプレス機械のフートスイッチを踏んだところ、調整のために安全装置を無効にしていたため、手をはさまれた。

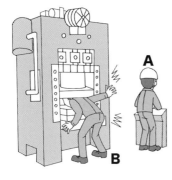

事例2

　作業者Aが金属板をプレス機械にセットしてボタンを操作し、作業者Bが成形品を取り出す手順で作業をしていた。Bの体が金型の間に入っていることに気付かずAが操作したため、Bが体をはさまれた。2人は光線式安全装置を無効にして作業していた。

事例3

　作業者Aがプレス機械で縁切り作業をし、作業者Bが機械の横に立ち、スクラップを取りに型の間に手を挿入した。そのとき、Aが両手押しボタンを押してしまい、慌てて両手押しボタンから手を離したが、スライドは下死点まで降りた。このため、Bの左手が押圧され、指が切断された。

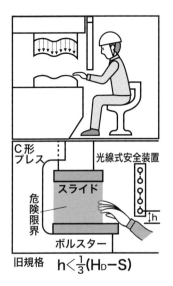

旧規格　$h < \dfrac{1}{3}(H_D - S)$

事例4

　作業者は、C形機械プレスを使い、座って作業していたところ、光線式安全装置の最下光軸の下の隙間から手を入れ、手が危険限界に達し、金型にはさまれた。

　この機械の安全装置の最下光軸の位置（h）は、当時の規格（P.17）でダイハイト※（H_D）から調節量（S）を引いた距離の3分の1未満であったが、手が入る隙間があった。
※ダイハイト：スライドの調整を上りきりにして、ストロークを下死点まで下げた状態で測ったスライド下面とボルスター上面間の距離

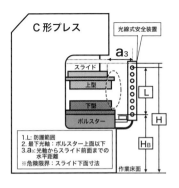

事例5

　作業者はプレス作業中に手を金型に近づけたので光線式安全装置が作動し、急停止したが、間に合わず金型で指をはさんだ。
　金型が大きく、スライドの手前に飛び出していたため、取付距離が安全距離を確保していなかった。

これらの事例の危険のポイントを振り返り、対策を考えてみましょう。

【事例1のポイント】

この事例では、電源を入れたまま、調整のために安全装置を無効にしていました。ポジティブクラッチプレスを稼働させずにできる調整は電源を切って行い、稼働させながら行う必要がある調整は寸動（P.13）で行います。

なお、フートスイッチは、一方向から操作する構造であること、覆いが必要であることが、動力プレス機械構造規格に示されています。

【事例2のポイント】

二人作業では、合図と確認を徹底することが不可欠です。また起動する時は複数組の両手押しボタンを同時に使用しましょう。これを怠ると、仲間を重大な危険にさらしてしまうこともあります。また、安全装置を無効にして作業したことも重大な法令違反です。

【事例3のポイント】

側面に、カバーなどをして身体の一部が危険限界に入らないようにするなどの措置がとられていなかったことや、本来、単独作業を指示されていたにもかかわらず、作業指示とは異なる不安全行動をとったことなどが、原因として考えられます。

【事例4のポイント】

最下光軸の位置は、規格に従っていたものの、すき間が生じ、手が危険限界に入ってしまった事例です。光軸の下部からも上部からも手が入らないような設備にすることが望ましいです。なお、現在の構造規格では、最下光軸の位置は、ボルスターの上面以下と定められています（P.17参照）。

【事例5のポイント】

プレス機械の金型の大きさは、C形プレスの場合、スライド下面の範囲内、ストレートサイド形プレスの場合、ボルスターの左右・奥行寸法のそれぞれ3分の2以内とされています。金型がスライドからはみ出すと危険です（右図参照。平成23年基発0218第3号通達より）。

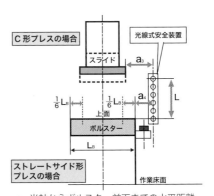

a_4: 光軸からボルスター前面までの水平距離

　プレス機械による災害を防ぐため、労働安全衛生規則に定められた主な内容を紹介します。＊以下、条文は「則第○条」と表記。

【安全囲い・安全装置の取付け】

　プレス機械には、安全囲いなど、作業者の体の一部が危険限界に入らないように対策をしなければならない。

　安全囲いなどが取付けできないときは、安全プレスを使うか、両手操作式安全装置や光線式安全装置などの安全装置を取り付けなければならない。またこれらの措置は、行程や操作などがいかなる状態に切り替えられても講じられているものでなければならない。

（則第１３１条）

【安全ブロック等の使用】

　金型の取付け、取外し、調整の作業で作業者の体の一部が危険限界に入るときは、安全ブロック※等を使用しなければならない。

※安全ブロック：金型の交換、修理、保守点検の際に、スライドとボルスターの間に入れる支え棒。スライドの下降を防止する（P.18参照）。

（則第１３１条の２）

【寸動機構】

金型の調整のためにスライドを作動させるときは、寸動（P.13参照）で行わなければならない（寸動機構がなければ手回し）。

(則第131条の3関係)

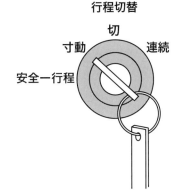

行程切替
切
寸動　　連続
安全一行程

【クラッチ、ブレーキ等の状態】

プレス機械のクラッチ、ブレーキ等の制御機能は常に有効にしておかなければならない。

(則第132条関係)

【作業主任者の選任と職務】

5台以上のプレス機械がある事業場では作業主任者を選任し、次の事項を行わせなければならない。
① プレス機械と安全装置の点検
② プレス機械と安全装置の異常時の措置
③ プレス機械と安全装置のキーの保管
④ 金型の取付け、取外し、調整の作業の直接指揮

(則第133、134条)

プレス機械 作業主任者の職務

1. プレス機械及びその安全装置を点検すること。
2. プレス機械及びその安全装置に異常を認めたときは、直ちに必要な措置をとること。
3. プレス機械及びその安全装置に切替えキースイッチを設けたときは、当該キーを保管すること。
4. 金型の取付け、取りはずし及び調整の作業を直接指揮すること。

| 作業主任者
氏　名 | |

【定期自主検査・特定自主検査】

　１年以内ごとに１回、動力プレス機械の定期自主検査を行わなければならない。この検査は、法定の資格のある労働者か検査業者が行う特定自主検査でなければならない。

　結果を記録し、３年間保存しなければならない。

（則第１３４条の３、１３５条の２、１３５条の３）

（登録検査業者用標章）

（事業内検査者用標章）

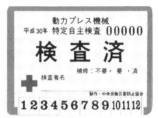

【作業開始前の点検】

　プレス作業を行うときは、その日の作業開始前に点検を行わなければならない。

（則第１３６条）

【プレス等の補修】

　事業者は、定期自主検査（特定自主検査）などの自主検査や作業開始前点検を行った場合に、異常を認めたときは、補修その他の必要な措置を講じなければならない。

（則第１３７条）

　なお、安全上の措置を講じることは、事業者の義務です。上記の法令には罰則規定があるものがあり、法令に違反した場合、６カ月以下の懲役または５０万円以下の罰金が科せられることがあります。

3 災害に遭わないために（基本の確認）

　プレス機械は製品の製造工程で使用される主要な生産機械ですが、利便性が高い一方、手指や頭、体をはさまれることで重篤な災害を引き起こす危険もあります。

　プレス機械による災害を防ぐため、法令の整備、プレス機械の安全化の促進が国によって行われています。

　これらを正しく理解して、日々緊張感を持ってプレス作業やその指揮にあたることが大切です。

（1）資格／教育

① 作業主任者（技能講習）

　プレス機械作業主任者技能講習修了者の中から選任され、プレス機械作業者の指揮に当たります。動力プレス機械を5台以上有する事業場では選任が義務付けられています。

プレス機械作業主任者の役割
① プレス機械や安全装置の点検
② プレス機械に異常が生じたときの対応
③ プレス機械・安全装置の切替えキースイッチのキーの保管
④ 金型の取付け、取外し、調整、プレス機械の試運転の指揮
⑤ その他
　作業者の監督・指揮、作業に応じた安全装置の検討

　作業主任者はプレス作業の現場において機械に異常が発生した際、ただちに適切な措置をとることができる人でなければなりません。そのた

めには正しい知識、適切な判断力が必要です。技能講習の受講資格として、5年以上のプレス機械作業経験があることなどを求めているのは、作業者の安全を守る重要な役割を持っているためです。

② 金型・安全装置・安全囲いの取付け（特別教育）
　　動力プレスの金型・安全装置・安全囲いの取付け等の業務を行うには、特別教育の受講が必要です。
　　金型や安全装置等が適切に取り付けられていないことによる災害が多数発生しています。必要な教育を受け、正しく作業を行いましょう。

（2）作業に入る前に

【服装】

①服装は、身体にあったものを着用する。
②長袖の場合は、袖口を締める。
③上着の裾は、ズボンの中に入れる。
④安全靴を履く。
⑤着用を指示された保護帽などの保護具を正しく着用する。
⑥刃物やドライバー、ドリルなどをポケットに入れて作業しない。
⑦タオルや手ぬぐい、ネクタイなど巻き込まれる恐れのある物は着用しない。

〇安全な服装の例

- 保護帽（ヘルメット）
- 長袖
- 長ズボン
- 手袋
- 安全靴

（3）作業の方法

【作業配置・作業姿勢】

　加工する材料や加工した製品、スクラップは作業しやすいように、また、安全に作業が行えるよう配置し、作業高さ、スペース、照明も適正な状態にしておきましょう。また、足踏み操作式の機械では、ペダルカバーが完全であるか確認して、足はペダルより少し離れたところに置きましょう。

【手工具による作業】

　金型の間に手が入らない方法として、安全囲い、安全型の使用があり、金型の間に手をいれる必要がない方法として、自動供給装置がありますが、手作業が避けられない場合に、材料を手で持って金型に入れる代わりに手工具を使って持つようにすることは、安全対策の1つの方法です。手工具は、一般的に以下の5種類に分けられます。

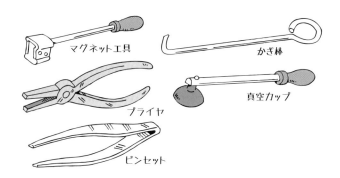

　作業手順として手工具が定められているときは、必ず定められた手工具を使用しましょう。また、手工具は、必要な機能を発揮できる状態になっているか、よく点検してから使用しましょう。

　なお、手工具はただちにできる安全対策のひとつですが、必要な教育、訓練、および管理を徹底しましょう。

　あわせて、手工具の使用には以下の条件が必要です。

① 　専用の手工具を両手で使用し、材料の送給または製品の取出しを行うこと。

② 　専用の手工具を片手で使用する場合は、他方の手に対して囲いなどが設けられていること。

【共同作業】

① 　お互いが確認できる配置で作業しましょう

　　二人以上の共同作業の場合、常に他の作業者の動作を確認し、作業者全員が操作ボタンを押して安全一行程により作業ができるようにしましょう。

② 共同作業中の連絡合図を確実に行いましょう

　お互いの呼吸を合わせて動けるように連絡合図を常に行いましょう。

③ 点検・修理中の起動は、お互いの安全を確認してから行いましょう

　機械操作者が気付かずに機械を起動し、共同作業者が金型にはさまれる災害が多く発生しています（P.3　事例2参照）。共同作業により点検、修理を行っているときにプレス機械を動かす場合、機械操作者以外は、機械より一歩以上離れましょう。また、起動時、金型内や付近に人がいないことを確認してから操作しましょう。

【材料・製品の取り扱い】

　材料や製品は、高く積み上げず、数量と配置を決めて安定した場所に置きましょう。また縁の部分は鋭くなっているのでカバーで覆ったり、接触しないようにしましょう。

【作業後の処理】

　作業終了後は、プレス機械を停止し、電源も切りましょう。また、周辺に散乱したスクラップや流れ出た油類などをよく清掃してください。材料や、使用した工具なども決められた場所に保管し、保管によってサビの発生が考えられるものは、サビ防止の処置をしておきましょう。

（4）プレス機械の安全基本用語

【一行程】

　起動ボタン等を操作すれば、ボタンから手を離してもスライドが一往復して上死点で停止するもの。次の作動を行うためには再度ボタンを押すことが必要で、このように上死点でいったん停止し、次の操作まで起動しない機構を「一行程一停止」という。

【安全一行程】

　押しボタン等を操作している間のみスライドが作動し、通常は下死点（下限）通過後上昇行程中は、押しボタン等から手を離してもスライドは停止せず（手を離せば止まるものを含む）、押しボタン等を押し続けても上死点（上限）で停止する行程で、両手式安全装置と組み合わせてスライドによる危険を防止する対策が行われるものをいう。

【連続行程】

押しボタン等を操作すればスライドは起動し、押しボタン等から手を離しても、また押し続けても連続してスライドが下降行程及び上昇行程を継続する行程をいう。これを停止させるには連続停止ボタン、または非常停止ボタンを押す。連続停止ボタンを押すとスライドは上死点で停止する。一般のプレス機械に自動化装置を取り付けたもので、光線式安全装置を併用しているものは、危険範囲内に手を入れて光線を遮断したとき急停止させるようにすることが可能。

【寸動行程】

スライドを作動させるための操作部を操作している間のみスライドが移動し、離せばただちに停止する。通常作業では使用せず、金型取付けの際の型合わせやトラブル発生時（非定常作業時）などに使用する。

起動ボタンを頻繁に操作することにより、ストロークのどの位置でもスライドの移動、停止を繰り返すことができる。

【危険限界】

プレス機械に取り付けることができる最大金型の範囲内（C形プレスの場合、スライド下面の範囲内。ストレートサイド形プレスの場合、ボルスターの左右・奥行寸法の3分の2以内）。危険限界に手を入れようとしても手が入らない方式と、危険限界に手を入れる必要のない方式を「ノーハンド・イン・ダイ」といい、これはプレス災害防止の原則とされる。

コラム　なぜ危険？プレス機械

プレス機械を操作する人の手や体が届く範囲を「人の作業領域」、スライドによって金型が動く範囲を「機械の作業領域」（危険限界）として、この二つが重なる領域、機械や作業の内容によって手など体の部分が危険限界に入る部分を「共同作業領域」といいます。

この共同作業領域があることが、プレス災害の大きな原因です。

4 安全囲いとは

　プレス作業における安全対策の基本は、作業者の身体の一部が危険限界に入らないような措置（安全囲い等）を講じることであると法令で定められています。これは本質安全化の措置です。安全囲いには主に次のようなものがあります。

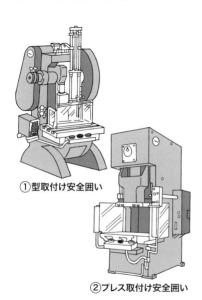

①型取付け安全囲い

②プレス取付け安全囲い

【安全囲い】
　作業者の指や手が危険限界に入らないように、金型やプレス機械に取り付ける囲い。
①型取付け安全囲い
　　金型の全周または一部を囲う安全囲い。金型交換の際は囲いごとつけ外しを行えます。上死点において囲いの上端とパンチホルダーの下端が１０ｍｍほど重なるように取り付けることで、危険限界に手が入らなくなります。
②プレス取付け安全囲い
　　プレス機械に取り付ける安全囲い。金型交換の際には全体を外すか、一部を開きます。インターロック式のものは、電源またはエネルギー源とインターロックされており、主電動機やフライホイールが停止しないと交換できません。

　材料の送給、加工品の取出しのための開口部の許容最大寸法は、危険源から開口部までの安全距離は下表のとおりです。

開口寸法	6	8	12	16	25
安全距離	20超	50超	100超	150超	200超

開口寸法	35	45	50	55	
安全距離	300超	400超	500超	800超	（単位：mm）

災害要因の調査によると、プレス機械の作業中に発生している労働災害の8割近くが「安全装置がない」または「安全装置が不完全」などの理由によるものです。

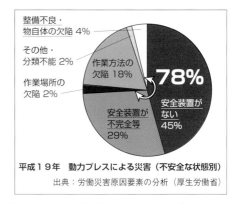

整備不良・物自体の欠陥 4%
その他・分類不能 2%
作業方法の欠陥 18%
作業場所の欠陥 2%
78%
安全装置が不完全等 29%
安全装置がない 45%

平成19年 動力プレスによる災害（不安全な状態別）
出典：労働災害原因要素の分析（厚生労働省）

安全装置の異常を発見したときはただちにプレス機械を停止させ、責任者に報告し指示を受けましょう。2種類の安全装置を併用している場合で、一方に異常があった場合も同様です（P.25 参照）。

安全装置の機能や使い方を十分に理解し、適切に使用しましょう。

プレス機械に取付けが義務付けられている安全装置には主に次のようなものがあります。

【インターロックガード式安全装置】

プレス前面にガード板が配置され、両手押しボタンやフートスイッチを起動するとガード板が上昇（または下降）して、スライドの作動中は手や指が危険限界に入らない仕組みです。強度の十分な透明プラスチック板などを使用すると、万一、加工物が破損して飛散しても災害が防げます。

金型交換や調整などの非定常作業時以外は安全装置を無効に切り替えないこと、また長尺物の加工などインターロックガードを使用できないときは別の安全措置を取ることが必要です。

【両手操作式安全装置】

　スライドを作動させる際に手が危険限界に入らないように、両手で同時に押しボタン等を操作する安全装置。急停止できないプレス機械（ポジティブクラッチプレス等）に取り付ける「両手起動式」と、急停止機構のあるプレス機械（フリクションクラッチプレス等）に取り付ける「安全一行程式」があります。

①両手起動式

　　両手でボタンを押して起動させます。ボタンから手を離してもスライドは停止しないので、ボタンを離してから手が危険限界に達するまでにスライドが下死点を過ぎるように、必要な安全距離が大きくなります。

②安全一行程式

　　スライド下降中にボタンから手を離すと、急停止機構によりただちにスライドが停止します。また正常に一行程が終了してスライドが上死点に停止したあとは、いったんボタンから両手を離さないと再度スライドを作動させることができません。

【光線式安全装置】

　手など体の一部が光線を遮断したときにプレス機械の急停止機構を作動させる安全装置。急停止機構が備わっていないプレス機械には使用できません。また、危険限界を物理的に遮蔽していないので、安全距離の確保が必要です。立って作業するときは上部、座って作業するときは下部に手などを入れる隙間がないようにセンサーを取り付けることが重要です。

【危険限界との距離の計算とその確保の方法について】

両手操作式・光線式のいずれの安全装置でも、危険限界との距離の確保が重要です。

この距離の計算においても、平成23年以降に製造されたものは、改正された構造規格による計算式が適用されます。

以下に、計算方法を表に示します。

①両手操作式安全装置：手の速度に、両手を押しボタン等の操作部から離してからスライドが急停止するまでの最大停止時間を乗じ、手が危険限界に到達できない理論的な距離。

②光線式安全装置：手の速度に光線を遮光してからスライドが急停止するまでの最大停止時間を乗じ、手が危険限界に到達できない理論的な距離。

（危険限界との距離の計算）

プレス機械・フレームの種類／安全装置の種類		機械プレス C形	機械プレス ストレートサイド形	液圧プレス C形	液圧プレス ストレートサイド形
両手操作式	安全距離 D $D=1.6(TI+T_S)$	$D < a_1+b+\frac{1}{3}H_D$	$D < a_2+b+\frac{1}{3}H_D+\frac{1}{6}L_B$	$D < a_1+b+\frac{1}{4}(D_L-S_T)$	$D < a_2+b+\frac{1}{4}(D_L-S_T)+\frac{1}{6}L_B$
光線式	安全距離 D $D=1.6(TI+T_S)+C$ ※旧規格はCの追加距離なし	$D < a_3$	$D < a_4+\frac{1}{6}L_B$	$D < a_3$	$D < a_4+\frac{1}{6}L_B$
光線式	防護範囲 L	$L>H_D+S_T$ $H≦1400mm$ のときは1400mm $H>1700mm$ のときは1700mm 旧規格 $L>S_T+S$	$L>H_D+S_T$ $H≦1400mm$ のときは1400mm $H>1700mm$ のときは1700mm 旧規格 $L>S_T+S$	$L>D_L$ $H≦1400mm$ のときは1400mm $H>1700mm$ のときは1700mm 旧規格 $L>S_T$	$L>D_L$ $H≦1400mm$ のときは1400mm $H>1700mm$ のときは1700mm 旧規格 $L>S_T$
光線式	最下光軸の位置 h	ボルスターの上面以下 旧規格 $h<\frac{1}{3}(H_D-S)$	ボルスターの上面以下 旧規格 $h<\frac{1}{3}(H_D-S)$	ボルスターの上面以下 旧規格 $h<\frac{1}{4}(D_L-S_T)$	ボルスターの上面以下 旧規格 $h<\frac{1}{4}(D_L-S_T)$

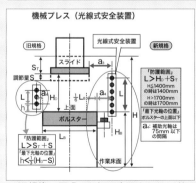

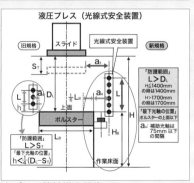

※旧規格：平成23年に改正される以前の動力プレス機械構造規格

【制御機能付き（PSDI）光線式安全装置】

　従来の光線式安全装置はプレス機械を急停止させますが、PSDI光線式安全装置は、急停止させた後、手などが危険限界から出たらプレス機械を再度起動させる機能を持つ光線式安全装置です。

　光線式安全装置と同様にセンサーの取付け位置や作動状況を適正に保つことが必要です。

　このほか、作業者の手にリストバンドを付けて、ひもで引いて危険限界の外に出す【手引き式安全装置】があります。

【安全ブロック等】

　プレス機械の金型交換作業時や調整作業時には、故障等によりスライドが不意に下降することを防止するため、安全ブロック（スライドとボルスターとの間に挿入する支え棒）、または、スライドを固定する装置（機械的にスライドを固定することができるロッキング装置、クランプ装置等）が必要です。

　さらに、それらの使用中はスライドを作動させることができないようにするためのインターロック機構を備えていなければいけません。もちろん、安全ブロック等は、スライドや上型の重量を支えることができるものでなければいけません。

【切替えキースイッチとキーの保管等】

　プレス機械による災害には、切替えキースイッチを「切り」にし、安全装置を無効にしたために起きている災害も少なくありません。

　以下の切替え点においては、どの状態に切り替えても安全が確保されなければいけません。

① 行程（連続行程、一行程、安全一行程、寸動行程など）の切替え

② 操作（両手操作から片手操作、両手操作からフートスイッチまたはフートペダル操作など）への切替え

③ 操作ステーションの単数と複数の切替え

④ 安全装置の作動の有効・無効の切替え

　また、これらの切替えキースイッチのキーの保管は、プレス機械作業主任者の重要な職務です（P.9参照）。

【金型の取付け・取外し】

　プレス機械の金型の取付けや取外しは、プレス機械作業主任者の指揮により、所定の教育（特別教育）を受けたものが行います（P.10 参照）。以下に取付けの注意点を示します。

【金型の取付けの注意点】

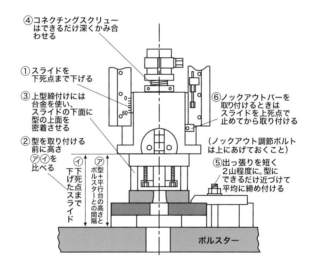

　また、金型の取付条件が違う場合の注意点は以下のとおりです。

【シャンクでのスライド取付け】

　小型の金型でシャンク（P.24 参照）による上型のスライドへの取付けは、動力は危険であるため手動にて作業します。
＜手順＞
（1）C形プレスのスライドにあるシャンク穴にシャンク押さえを2本のナットで固定する

（２）シャンク押さえの中央の押さえボルトで、金型のシャンクを押し
　　つけて固定する
（３）シャンク穴にシャンクを入れた後、２本のナットでシャンク押さ
　　えを固定して、押さえボルトで締め付ける（必ずナットで固定し
　　た後、押さえボルトで締め付けること）
（４）スライド下面と金型上面が密着するように締め付ける

【刃合わせガイドがない金型の取付け】

　刃合わせガイドがない（ダイセットを使用していない）金型は、金型
の心合わせをしながら取り付けましょう。
＜手順＞
（１）上型をスライドに取り付ける
（２）上型と下型の型部分を合わせる
（３）フライホイールを手回しして、スライドを加工している状態まで
　　下げる
（４）下型を固定する

【ノックアウトバー（かんざし）を使う場合】

　プレス加工で抜かれたものが金型によって上型に残る場合、ノックア
ウトを使用して金型から排出します。なお、ノックアウトバー（P.19
金型取付けの図参照）を使用するときは、ノックアウトの調整前にはノッ
クアウト調節ねじを上限まで上げておき、ノックアウト調節ねじとノッ
クアウトがぶつからないように注意しましょう。

【金型の取外し手順例】

　取外しの手順例は以下の通りです。
（１）寸動でスライドを下死点を少し越えたところまで下げる
（２）上型とスライドの締付けボルトを外す
（３）スライドを上死点にして電源をオフにする
（４）下型を固定しているクランプ類を取りはずす
（５）プレス機械から金型を取り出す
（６）プレス機械の清掃
（７）金型は清掃、点検して保管棚に置く

【金型取付けの作業手順書（例）】

職種：プレス加工	作業手順書　No.880808		使用するもの	
	作成部署：　生産技術部		プレス（型番）、金型、取付け具、工具（具体的な名称）	
作業：金型の取付け	作成者：プレス機械作業主任者　○○○○			
	作成日：２０○○年○月○日			
作業概要	１．作業指示書（標準時間を明記）に従い、金型を所定のフリクションクラッチ付きプレス機械に（○分間で）取り付ける。 ２．ダイセットタイプの金型でシャンクなし、上型はスライドと直接、ボルトで取り付ける。 ３．ノックアウトバー、クッションピンは使わない。 ★右から（理由⇒急所⇒手順）読むと１つの文章になるようにする。			

	手順		急所		急所の理由
1	作業指示書と確認する	1-1)	図番、製品名、工程、ＱＣＤなどの内容を	1-1)	指示内容の理解のため
		1-2)	型の高さなどについて金型の仕様を	1-2)	作業中の不具合を防ぐために
		1-3)	ダイハイトなどについてプレス機械の仕様を	1-3)	作業中の不具合を防ぐために
2	プレス機械の始業点検を行う	2-1)	チェックリストを使って	2-1)	安全作業のため
		2-2)	ボルスター面とスライド面の清掃をして	2-2)	傷や汚れを取るために
		2-3)	凸部があれば油と石で除去してから	2-3)	正しい取付けができるように
*	補修の仕方（凸部除去）の手順書があればよい		傷の取り方＝特に油と石の使い方など		
3	金型の点検・準備をする	3-1)	角部のバリや傷などの有無を調べながら（どうやって＝目視、指で触って）	3-1)	安全作業のため
		3-2)	部品の緩みや欠けがないか	3-2)	安全作業のため
		3-3)	部品の摩耗、破損、欠落はないか	3-3)	品質精度維持のため
		3-4)	型の清掃と注油	3-4)	傷や介在物があると取付け精度に影響するので
4	プレスのスライドを調整する	4-1)	ダイハイトを型高さ以上に調節する	4-1)	下死点で支障しないため
		4-2)	上死点の位置に	4-2)	金型がのせやすいので
5	金型をボルスターにのせる	5-1)	型の取付け中は電源を切ってから	5-1)	誤作動を防ぐため
		5-2)	運搬車で運び	5-2)	腰痛防止のため
		5-3)	落下防止のクランプを外してから	5-3)	うっかり忘れると無理に動かそうとして事故になるので
		5-4)	運搬車を固定して	5-4)	作業中に動くと事故につながるので
		5-5)	2人で	5-5)	落下や接触による事故を防ぐために
6	スライドを下げる	6-1)	手回しまたは寸動で	6-1)	上型の途中で止める微調整をするため
		6-2)	上型の上１ｍｍ近くまで	6-2)	後で金型を位置決めで動かすため
7	金型の位置を決める	7-1)	ボルスターと金型の平行出しをしながら	7-1)	加圧力中心をスライドに合わせるため
		7-2)	上型を取付けボルトで指で締めるところまで	7-2)	ボルトがはせっていないかチェックのため
		7-3)	下型のボルトも同様に	7-3)	同上
8	上型をスライドに締め付ける	8-1)	スライドを上型上面に当たるまで下げ	8-1)	締付けをやりやすくするため
		8-2)	指定の工具で	8-2)	部品の破損や事故を防ぐために
		8-3)	左右順番に締付け	8-3)	上型が傾かないように
9	スライドを下死点にする	9-1)	寸動で	9-1)	下死点で止める微調整が可能なので
		9-2)	数回、金型を上下させながら	9-2)	異音、異常がないか確認するため
		9-3)	金型を見ながら	9-3)	上下型のねじれをとり、下型をなじませるために
		9-4)	クランク角度表示計を見ながら	9-4)	確かな作業を行うために
10	下型を本締めする	10-1)	下死点の位置で	10-1)	型が仕事をする位置なので
		10-2)	指定の工具で	10-2)	部品の破損や事故を防ぐために
		10-3)	締付けボルトを左右対角線上を順番に締め付けながら	10-3)	傾いたりせったりしないために
11	安全装置、付属装置の取付け	11-1)	決められたところに	11-1)	過去の不具合などを改善した結果なので
		11-2)	動作確認しながら	11-2)	正常に機能しないと不具合が発生するので
12	下死点を調整する	12-1)	下ろしすぎないように	12-1)	金型が破損したり、スライドが動かなくなることがあるので
		12-2)	試し加工の結果をみながら	12-2)	ねらいの製品を作るために
		12-3)	製品を作ってみて（何個ほど）	12-3)	安定状態を確認するために
13	生産を開始する	13-1)	試作品の外観、寸法を検査してから	13-1)	確実な生産を行うために
		13-2)	品質保証課にて検査・承認をもらってから	13-2)	品質の責任部署なので
		13-3)	担当職場長より生産開始の許可をもらってから	13-3)	会社の規則にしたがい

（参考）金型締付け座の標準化例

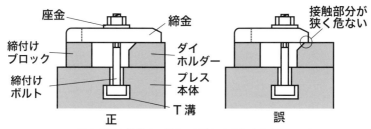

締金が型と接触する部分の面積は十分な広さをもつこと

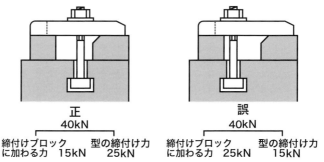

型の締付け力を大きくするため、ボルトの位置はできるだけ
型に近づけること

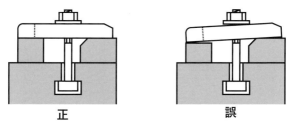

締金が水平になるように、型のホルダーと締付けブロックの
高さをそろえること

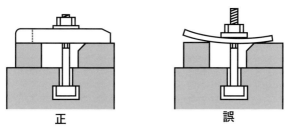

締金は十分な厚さがないと、曲がってしまう
締付けボルトが必要以上に長いと、ひっかかって危ない

7 こんなときは要注意！プレス機械の異常

　プレス作業において、異常（と思われる状態）が生じたときはただちに作業を中止し、一人で処理をせず、必ず責任者に報告してその指示を受けるようにしましょう。プレス作業で発生する異常には次のようなものがあります。

【プレス機械の異常】

（1）電気関係の異常、油・空圧の異常

　　断線などの電気関係の異常、圧力の低下など油・空圧の異常が発生すると表示ランプが点灯する場合があります。

（2）オーバーラン

　　プレス機械のブレーキ性能が低下すると、スライドが停止許容位置を越えるオーバーランが発生することがあります。

（3）二度落ち

　　クラッチやブレーキの故障によりスライドが上死点の位置で止まらず行き過ぎたり、二度落ちするときがあります。非常に危ないのでただちに作業を中止します。

（4）過負荷・スティック

　　加工中にスライドが下死点で動かなくなったり、過負荷でスライドが停止（スティック）するときがあります。ただちに非常停止ボタンを押し、モーターのスイッチを切りましょう。

（5）ポジティブクラッチの異常音

　　ポジティブクラッチを備えた機械では、カチカチという異常音がすることがあります。この異常音はこのクラッチ特有の「ノッキング」という現象で、クラッチピンが引っかかって発生します。そのまま使用すると二度落ちする危険があります。

【金型】

（1）焼付き

　　金型の心ずれや油切れが主な原因となって製品に傷がついたり、金型にくっついて取り出せなくなることがあります。

（2）カス詰まり

　　金型（下型）の穴の抜きカスが外に落ちずに金型の中に残って詰まり、パンチ抜き音が重苦しく変わってくることがあります。そのまま作業していると金型を破壊することがあります。金型が壊れ、破片が飛来し、負傷する災害も発生しています。

（3）カス上がり

　　抜きカスが落ちずにパンチとともに金型上に上がって表面を傷つけることがあります。

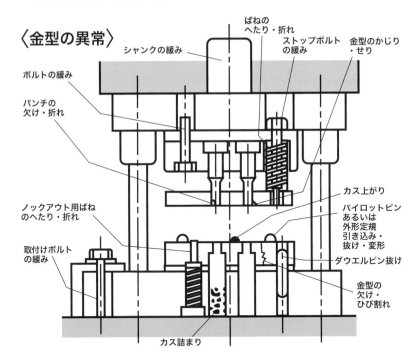

〈金型の異常〉

ばねのへたり・折れ

シャンクの緩み

ストップボルトの緩み

金型のかじり・せり

ボルトの緩み

パンチの欠け・折れ

ノックアウト用ばねのへたり・折れ

取付けボルトの緩み

カス上がり

パイロットピンあるいは外形定規引き込み・抜け・変形

ダウエルピン抜け

金型の欠け・ひび割れ

カス詰まり

【安全囲い】

　安全囲いの異常の原因には、変形・損傷、ボルト・ナットのゆるみなどがあります。

　そのような異常がみられたら、修理、調整、交換などが必要です。

安全囲いの
修理・交換
の必要が
ある場合

　また安全囲いは、確実に使用されるようインターロックが設けられているものがあります。これらは次のような故障が生じることがあります。

（１）電気的インターロックが確実に作動しないとき

　　（対策）リミットスイッチの交換など。

（２）機械的インターロックが確実に作動しないときや、摩耗、へたりなどがあるとき

　　（対策）修理、交換など。

【安全装置】

　異常を発見したときは、ただちにプレス機械を停止させ、責任者に報告しましょう。２種類の安全装置を併用している場合で、一方のみの安全装置に異常があった場合も同様です。

　安全装置の一般的な異常とその原因は次のとおりです（ただし、使用条件、使用期間、使用頻度、作業環境などによりさまざまな異常が発生することがあります）。

安全装置の種類	状態	考えられる原因
インターロック ガード式	ガードが閉じてもスライドが作動している	ガード閉鎖用リミットスイッチや回転カムの位置がずれている
	スライドが作動していないのにガードが開く	
	操作スイッチを押してもガードが起動しない	押しボタンスイッチ、切替スイッチ、リレー、内部配線が不良 操作シリンダーやフィルター、レギュレーター、オイラーが不良
両手操作式	両手操作ボタンを押してもプレス機械が動かない	押しボタンスイッチ、切替スイッチ、リレーなどの電気部品が断線、短絡している。 ボルト、ナット、カム、レバー、ワイヤーなどの機械部品が破損している シリンダー、電磁弁、フィルターなど空圧系統の部品が破損している
	所定の上死点位置で止まらない	上死点位置用カムがずれている ブレーキが劣化している
光線式	プレス機械が作動しない	センサー部分かコントロールボックスが故障している （センサー部分の場合）光軸がずれている、プリント基板などに配線不良や部品の破損がある （コントロールボックスの場合）リレー、リミットスイッチ、ヒューズ、プリント基板などに配線不良や部品の破損がある
制御機能付き 光線式	プレス機械が作動しない	上記のほか、側面・下面・後面ガードの取付不良など

（参考）手引き式安全装置　／　正常に作動しない　／　各部の取付不良、ボルト・ナットの緩み、ワイヤーロープの切断、機械部品の破損等

【自動化作業における異常】

　自動化された作業における異常としては、

（1）材料の送りこみミス

（2）製品の送りミス

（3）製品の取り出しミス

（4）製品やスクラップのつまり、落下

（5）センサーの異常検知による停止（材料がずれていたときなど）

（6）光線式安全装置の作動

などがあります。

　異常の処理にあたっては、以下のことに注意しましょう。

（1）異常を発見したら、ただちに機械を停止する

（2）センサーで自動停止したときは停止の原因を確認する

（3）自動作業中の機械に触れてはいけない

（4）異常処置後の安全確認

動力プレス機械による災害防止のためのチェックリスト（例）

1. 関係法令について

区分	関係条文 （労働安全 衛生規則）	チェック項目	○/×
プレス機械に関する措置	第27条	動力プレス機械構造規格に適合した機械を使用していますか？	
	（安衛法） 第88条	プレス機械の設置等について、設置計画等の届出をしていますか？	
	第101条	機械の原動機、回転軸、歯車、プーリー、ベルト等の危険を及ぼすおそれのある部分に覆い、囲い、スリーブ、踏切橋等を設置していますか？	
	第103条	機械には、法令で定められた動力しゃ断装置を設置していますか？	
	第105条	加工物等の飛来による危険を防止するため、覆いや囲い等が設置されていますか？	
	第108条の2	ストローク端には、覆い、囲いまたは柵を設けるなど危険防止措置が講じられていますか？	
	第131条	プレス機械（及びシャー）については、安全囲いを設けるなど、身体の一部が危険限界に入らないような措置が取られていますか？	
		法令に定められた事項に適合する安全装置を取り付けていますか？	
		行程の切替えスイッチ、操作の切替えスイッチ等を備えるプレス等について、切替えスイッチが切り替えられたいかなる状態においても、安全措置は講じられていますか？	
	第132条	プレス機械のクラッチ、ブレーキその他制御のための必要な部分は有効な状態ですか？	
金型に関する措置	第131条の2	金型の取付け・取外しまたは調整作業を行う場合に、スライドが下降することによる危険を防止するため、安全ブロックを使用させる等の措置を講じていますか？　また、労働者は、講じられた安全ブロックを使用していますか？	
	第131条の3	金型を調整するため、スライドを作動させるときは、寸動機構があるものは寸動で、寸動機構がないものは、手回しにより行っていますか？	

安衛法：労働安全衛生法

区分	関係条文 (労働安全 衛生規則)	チェック項目	○/×
安全装置に関する措置	第27条	プレス機械(又はシャー)の安全装置構造規格に適合した安全装置等を使用していますか?	
	第28条	法令により設置された安全装置等が有効な状態で使用されるよう点検、整備を行っていますか?	
	第29条	安全装置について、以下の事項を守っていますか? ①安全装置等をはずしたり、その機能を失わせないこと。 ②臨時に安全装置等を取り外し、またはその機能を失わせる必要があるときは、事業者の許可を得ること。 ③許可をうけて、安全装置等を取り外したり、その機能を失わせたときは、その必要がなくなった後、ただちに原状に戻すこと。 ④安全装置等が取り外され、その機能を失ったことを発見したときは、すみやかにその旨を事業者に申し出ること。	
		事業者は、④の申し出があったときは、すみやかに措置を講じていますか?	
管理・保守に関する措置	第17条 第134条	プレス機械作業主任者の職務について、理解していますか?	
	第133条	プレス機械を5台以上有する事業場では、法令で定められた技能講習を修了した者の中から作業主任者を選任していますか?	
	第18条	プレス機械作業主任者の氏名等を周知していますか?	
	第104条	機械の運転を開始する場合は、一定の合図を決め、合図をするものを指名して関係労働者に合図を行わせていますか?また労働者はその合図にしたがっていますか?	
	第107条	機械の掃除、検査、修理等を行う場合、必ず運転を停止して行っていますか?	
	第134条の2	切替えキースイッチのキーの保管は決められた者(作業主任者)が行っていますか?	
	第134条の3	1年に1回、定期自主検査を行っていますか?	
	第135条の2	定期自主検査の記録は、3年間保存していますか?	
	第135条の3	特定自主検査は、法で定められた研修の修了者または登録検査業者が行っていますか?	
		特定自主検査の終了後、検査済み標章を機械に貼っていますか? (検査済み標章は、検査月を切り取り、検査者氏名(登録検査業者氏名)、補修の不要・要・済欄が適切に記入されていますか?)	

区分	関係条文 (労働安全 衛生規則)	チェック項目	○/✕
管理・保守に関する措置	第136条	作業開始前に、適切なチェックリストに基づいて、点検を行っていますか?	
	第137条	プレス機械の点検を行った場合に、異常を認めたときは、補修その他の必要な措置を講じていますか?	
教育に関する措置	第35条	プレス機械を使用する労働者に対して雇い入れ時等の教育を行っていますか?	
	第36条 第38条	動力プレス機械の金型の取付け・取外し等の業務を行う者に特別教育を実施していますか?またその記録を3年間保存していますか?	
	(安衛法) 第19条の2 第2項	プレス機械作業主任者の技能講習修了者に修了後5年経過をめどに能力向上教育を受講させていますか?	

2. 一般的事項

判定基準	○/✕
【体調】体調は良好ですか?	
【服装】長袖の袖口のボタンを留めていますか?	
【服装】上着の裾はズボンの中に入れていますか?	
【服装】安全靴を履いていますか?	
【服装】タオルや手ぬぐいなどを首に巻いていませんか?	
【服装】作業によって、保護メガネ、きれいな手袋を着用していますか?(油で汚れた手袋は使用しないこと)	
【工具】刃物やドライバー、ドリルなどをポケットに入れていませんか?	
【工具】使用する工具に損傷はありませんか?	
【4S】作業する周囲は、切りくずなどが片付けられ、完成品を置くスペースが確保されていますか?	
【作業姿勢】不自然で窮屈な姿勢になっていませんか?	
【作業姿勢】椅子に座って作業するときは、安定したイスで適当な高さになっていますか?	
【作業姿勢】金型の内部が容易に見渡せる姿勢ですか?	
【作業姿勢】足踏み操作による作業のとき、ペダルは材料送給時の立ち位置より少し離れたところにありますか?	

3. 安全装置について

判定基準	○/×
【作業前】安全装置は正しく作動しますか？（2種類の装置を併用している場合は、両方とも正しく作動すること）	
【作業前】安全囲いは正しく取り付けられていますか？	
【インターロックガード式】ガードの動きとプレスの動きは連動していますか？	
【インターロックガード式】操作スイッチを押すと、ガードは起動しますか？	
【両手操作式】両方の押しボタンを押すと、機械は動きますか？	
【両手操作式】所定の上死点位置で停止しますか？	
【光線式】遮光するとプレス機械がきちんと停止しますか？	
【制御機能付光線式】側面、下面、後面ガードはきちんと取り付けられていますか？	

4. 金型について

判定基準	○/×
シャンクはゆるんでいませんか？	
金型締付けボルトはゆるんでいませんか？	
金型に焼付きが発生していませんか？	
カス詰まり（穴詰まり）がおきていませんか？	
カス上がりがおきていませんか？	
パイロットピンは、引込み、抜け、変形などしていませんか？	
パンチが外れ、座屈、欠け、折れなどしていませんか？	
ダイが欠けたり、ひび割れたり、つぶれたりしていませんか？	
外形定規（ゲージ・あて）がつぶれたり、ガタが出たり、ゆるんだりしていませんか？	
ストリッパー、ノックアウト用ばねがへたったり、折れたりしていませんか？	
ストリッパーボルトが緩んだり、傾いたり、折れたりしていませんか？	
ダウエルピン（ノックピン）や締付けボルトが折れたり、抜けたりしていませんか？	
金型にかじりがおきたり、せりが起きていませんか？	

執筆協力

中島　次登 (プレス検査業者災害防止協議会　相談役)
小森　雅裕 (株式会社小森安全機研究所　取締役会長)

あなたを守る！
作業者のための安全衛生ガイド

プレス作業

平成 30 年 7 月 27 日　第 1 版第 1 刷発行

編　者　中央労働災害防止協会
発行者　三田村 憲明
発行所　中央労働災害防止協会
　　　　〒 108-0023
　　　　東京都港区芝浦 3-17-12
　　　　吾妻ビル 9 階
電　話　販売 03 (3452) 6401
　　　　編集 03 (3452) 6209

デザイン・イラスト　㈱ジェイアイ
イラスト　　　　　　田中　斉
印刷・製本　　　　　㈱日本制作センター

落丁・乱丁本はお取り替えいたします。　　　ⒸJISHA 2018
ISBN978-4-8059-1820-3　C3053
中災防ホームページ　http://www.jisha.or.jp/